Natalia Domańska-Kruppa

Häufigkeit, Entwicklung und Klassifikation des Überbisses beim Warmblutpferd

Cuvillier Verlag Göttingen
Internationaler wissenschaftlicher Fachverlag

Bibliografische Information der Deutschen Nationalbibliothek
Die Deutsche Nationalbibliothek verzeichnet diese Publikation in der Deutschen Nationalbibliografie; detaillierte bibliographische Daten sind im Internet über http://dnb.d-nb.de abrufbar.
1. Aufl. - Göttingen: Cuvillier, 2020
Zugl.: Hannover (TiHo), Univ., Diss., 2020

Nonnenstieg 8, 37075 Göttingen
Telefon: 0551-54724-0
Telefax: 0551-54724-21
www.cuvillier.de

1. Auflage, 2020
Gedruckt auf umweltfreundlichem, säurefreiem Papier aus nachhaltiger Forstwirtschaft.

ISBN 978-3-7369-7187-5
eISBN 978-3-7369-6187-6

Tierärztliche Hochschule Hannover

Häufigkeit, Entwicklung und Klassifikation des Überbisses beim Warmblutpferd

INAUGURAL – DISSERTATION
Zur Erlangung des Grades einer Doktorin
der Veterinärmedizin
- Doctor medicinae veterinariae -
(Dr. med. vet.)

vorgelegt von
Natalia Domańska-Kruppa
Łęczyca, Polen

Hannover 2020

Wissenschaftliche Betreuung:

PD Dr. habil. M. Venner, Klinik für Pferde, Stiftung Tierärztliche Hochschule Hannover

PD Dr. habil. A. Bienert-Zeit, Klinik für Pferde, Stiftung Tierärztliche Hochschule Hannover

1. Gutachter: PD Dr. habil. M. Venner

2. Gutachter: PD Dr. habil. C.P. Bartmann

Tag der mündlichen Prüfung: 26. 05. 2020

Meiner Familie

Ergebnisse dieser Dissertation wurden in international anerkannten Fachzeitschriften mit Gutachtersystem (peer review) zur Veröffentlichung angenommen:

- Veterinary Record (akzeptiert: 01.07.2018):

Study of the relationship between overjet development and some skull bone measurements in Warmblood foals

N. Domanska-Kruppa, M. Venner, A. Bienert-Zeit,

DOI: 10.1136/vr.104364

- Frontiers in Veterinary Science (akzeptiert: 14.11.2019):

Cephalometric study of the overjet development in Warmblood foals

N. Domanska-Kruppa, M. Venner, A. Bienert-Zeit

2019, Volume 6, Article 431, DOI: 10.3389/fvets.2019.00431

Inhaltsverzeichnis

Abkürzungsverzeichnis

et al.	et alii (und andere)
EtL	Ethmoidal line
FL	Facial line
ML	Mandibular line
Mna	Mandibular cheek teeth length
Mnd	Mandibular diastema
mm	Millimeter
Mxd	Maxillary diastema
PiMn	Pars incisiva mandibulae
PiMx	Pars incisiva maxillae
sog.	sogenannt(e,es)
z.B.	zum Beispiel

1 Einleitung

Es kommt vor, dass Fohlen mit Fehlentwicklungen des Schädels geboren werden. Dazu gehören: Unterbisse, Längsachsenkrümmungen des Oberschädels – sog. Campylognathia superior und Überbisse, bei denen die Unterkieferschneidezähne weiter zurückstehen als die des Oberkiefers (WISSDORF u. OTTO 2010). Überbisse treten von den genannten Fehlentwicklungen am häufigsten auf. Sie kommen bei 2 - 5% aller Pferde vor (BAKER 2005).

Abhängig vom Schweregrad der Erkrankung zeigen betroffene Tiere unterschiedliche klinische Symptome. Bei starker Ausprägung des Fehlbisses zeigen die Tiere oftmals Schwierigkeiten beim Grasen. Bei gleichzeitig auftretenden Verschiebungen der Backenzahnreihen treten Zahnspitzen und Schleimhautwunden auf. Dies führt dazu, dass das Pferd sein Futter nicht optimal verwerten kann (BAKER 2005). Außerdem ist der Überbiss ein Ausschlusskriterium bei der Körung von Hengsten und bei Reitpferdeauktionen, führt er zu einer deutlichen Kaufpreisminderung (SCHULTE-NÖLKE 2009).

Bis heute ist es nicht gelungen, alle offenen Fragen über die equine Gebiss- und Schädelfehlentwicklung umfassend zu klären. Es ist nicht bekannt, ob der Überbiss eine Fehlentwicklung des Oberkiefers (Prognathia superior) oder des Unterkiefers (Brachygnathia inferior) ist (KLUGH 2004). Um diesen Sachverhalt zu klären, sollen kephalometrische Analysen erstmals beim neugeborenen und heranwachsenden Pferd durchgeführt werden.

Ziel dieser Dissertation ist es, im Rahmen einer Reihenuntersuchung an den im Jahr 2011 auf einem Warmblutgestüt geborenen Fohlen, einen Überblick über die Häufigkeit, die Entwicklung und geeignete Vermessungsmethoden von Überbissen am Nachwuchs eines großen Pferdebestands zu bekommen. Der Überbissgruppe wurden die Fohlen zugeteilt, bei denen die Milchzangen bis zum Alter von zwei Wochen nicht vollständig aufeinander lagen. Als Kontrollgruppe wurden am selben Tag geborene, gesunde Fohlen genommen, die zu dem Zeitpunkt der Untersuchung keinen Überbiss aufwiesen. Diese beide Gruppen wurden vergleichend klinisch untersucht, geröntgt und vermessen.

Die Studie erfolgt mit Hilfe einer in der Pferdemedizin bislang nicht eingesetzten Vermessungsmethode, der sogenannten Kephalometrie. Diese Vorgehensweise ermöglicht eine sorgfältige Vermessung der Zahnstellung und des Längenwachstums einzelner Schädelknochen. Das Ziel der kephalometrischen Analyse besteht darin, mögliche skelettale Ursachen augenscheinlich dentaler Fehlentwicklung aufzuklären.

Ein seitliches Röntgenbild des Schädels, welches für diese Messungen genutzt wird, gibt diagnostische Aussagen über die Lagebeziehung von Oberkiefer zu Unterkiefer, die Achsenstellung der Inzisivi und die Position der Molaren (STEINER, 1959).
Neben der Erprobung dieser kephalometrischen Methode, gilt es zu untersuchen, wie sich der Überbiss bei den betroffenen Fohlen bis zu einem Alter von 12 Monaten entwickelt. Ein weiteres Ziel dieser Dissertation ist es, einzelne Messstrecken oder Verhältnisse von Messstrecken am Schädelknochen zueinander zu identifizieren, deren Werte eine Voraussage zulassen, ob sich der Überbiss bei einem Fohlen ohne Therapie positiv oder negativ entwickeln wird.

2 Publikation I

"Study of the relationship between overjet development and some skull bone measurements in Warmblood foals"

Natalia Domanska-Kruppa, Monica Venner and Astrid Bienert-Zeit

Veterinary Record

DOI: 10.1136/vr.104364

akzeptiert nach Revision am 01.07.2018

2. 1 Abstract

Overjet is defined as the projection of the maxillary incisors labial to their antagonists in a horizontal direction. This malocclusion in horses can lead to incorrect dental wear and is aesthetically undesirable. Whether lengthening of the maxilla or shortening of the mandible causes the condition has not yet been determined. Therefore, a measurement technique was developed to investigate the correlations between skull bone measurements in overjet-affected individuals. The position of the incisors in 650 Warmblood foals born in a private German stud were examined at two weeks of age, revealing the prevalence of overjet to be 2%. Five measurements were made on each foal's head and comparisons with a second set of measurements that were made later in the foals first year showed a change in the presence or degree of overjet over time. Nine of 13 foals diagnosed with measurable overjet at the beginning of the study resolved spontaneously. Thirteen foals had no evidence of overjet at birth, of which, four developed the condition during the first year of life. The methods used for measuring longitudinal changes in different skull bones and for the assessment of malocclusion in foals affected with overjet were considered effective.

3 Publikation II

"Cephalometric study of the overjet development in Warmblood foals"

Natalia Domanska-Kruppa, Monica Venner and Astrid Bienert-Zeit

Frontiers in Veterinary Science

Volume 6, Article 431

DOI: 10.3389/fvets.2019.00431

akzeptiert nach Revision am 14.11.2019

3.1 Abstract

Class II malocclusion is the most frequently occurring congenital malocclusion in horses. Radiographic cephalometric procedures adopted from human dentistry were used to study the development of overjet in a population of 650 Warmblood foals. Thirteen foals were diagnosed with measurable overjet at the beginning of the study. The malocclusion in nine foals resolved spontaneously and four foals without overjet at two weeks of age developed the condition during the first year of life. A cephalostat used in human orthodontics to immobilize the patient's head while being radiographed was replaced by a researcher-made head-holding device, whose size was based on the results of a pilot study. Laterolateral digital radiographs of each foal's head (cephalograms) were taken at five time points until the age of 12 months. Thirteen cephalometric points were identified and nine distances were measured on each radiograph. Additionally, the angle between the long axis of the upper and lower incisors was evaluated. Cephalometric measurements proved to be useful to identify foals that showed spontaneous regression of the malocclusion over the study time between 9 and 16 weeks of age.

4 Übergreifende Diskussion

4.1 Positive und negative Entwicklung von Überbissen

In die Studie wurden ursprünglich 13 Fohlen mit angeborenem Überbiss und 13 jeweils am selben Tag geborene Kontrollfohlen, die zum Zeitpunkt der Geburt keinen Überbiss aufwiesen, aufgenommen. Im Verlauf der Studie kam es zu einer überraschenden Situation bezüglich der Entwicklung der Kieferfehlbildungen. Bei neun Überbissfohlen hat sich der Überbiss spontan zurückentwickelt. Bei vier Kontrolltieren hat sich im Untersuchungszeitraum ein Überbiss entwickelt. Dies wurde als „positive Entwicklung" des Überbisses bezeichnet. Eine derart „positive Entwicklung" ist in der Literatur bereits beschrieben worden. Obwohl als angeboren betrachtet, weisen Studien von GIFT et al. (1992), GAUGHAN u. DEBOWES (1993), CRABILL u. SCHUMACHER (1998), und DEBOWES u. GAUGHAN (1998) nach, dass auch Fohlen, die zum Zeitpunkt der Geburt eine normale Okklusion hatten, zwischen dem ersten und sechsten Lebensmonat einen Überbiss entwickeln können. Es wurde bisher aber noch nicht beschrieben, dass diese Fehlbildung sich auch spontan zurückentwickeln kann (GIFT et al. 1992; GAUGHAN u. DEBOWES 1993). Dies ist mit der vorliegenden Arbeit erstmalig gelungen. Es muss jedoch betont werden, dass das Ausmaß des sagittalen Überbisses (Overjet) zum Zeitpunkt der Geburt maximal 8 mm betrug. Die Aussage über die spontane Rückentwicklung eines Überbisses mit stärkerem Ausmaß sollte daher mit Vorsicht getroffen werden.

4.1.1 Problematische Entstehung von kleinen Untersuchungsgruppen

Die Studie wurde so konzipiert, dass jedem Fohlen mit einem Überbiss ein Kontrollfohlen ohne Überbiss gegenübergestellt wurde. Als Kontrollgruppe dienten je am selben Tag geborene, gesunde Fohlen, die vergleichend untersucht, geröntgt und vermessen wurden. Es entstanden also 2 Untersuchungsgruppen: eine Überbiss- und Kontrollfohlen-Gruppe. Zu jede Gruppe gehörten 13 Fohlen, da im Jahrgang 2011 auf dem Gestüt 13 Fohlen mit Überbiss zur Welt gekommen sind. Durch die positive bzw. negative Entwicklung des Überbisses bei einzelnen Tieren haben sich dadurch im Laufe der Studie weitere Untergruppen entwickelt. Um die Ergebnisse auswerten zu können, war es nötig, die Fohlen in insgesamt vier kleinere Gruppen zu unterteilen. Die Gruppen sind wie folgt genannt worden: *Overjet, Negative Overjet, Control* und *Positiv Control.* Zur *Overjet* Gruppe gehörten vier

Fohlen, die mit einem Überbiss geboren wurden und diesen bis zum Ende der Studie aufwiesen. Die *Negative Overjet* Gruppe enthielt neun Fohlen bei denen sich der Überbiss spontan zurückgebildet hat. Vier Fohlen sind als *Positive Control* Gruppe klassifiziert worden. Sie sind ursprünglich als Kontrolle (ohne Überbiss geboren) ausgewählt worden, haben jedoch im Untersuchungszeitraum einen Überbiss entwickelt. Die letzte Gruppe umfasste neun gesunde Fohlen ohne Überbiss, die bis zum Ende der Studie unauffällig geblieben sind. Diese Gruppe wurde als *Control* bezeichnet. Diese ungeplante Entstehung von vier kleinen Gruppen war für die Auswertung der Ergebnisse problematisch, da zwei Gruppen nur vier Probanden umfassten. Eine statistische Auswertung ist mit derart kleinen Gruppengrößen schwierig. Zudem entstanden unterschiedlich großen Gruppen, was die Vergleichbarkeit einschränkt.

4.2 Unterschiedliche Fohlengröße als Hindernis für den Direktvergleich der Messungen

Bei jedem Fohlen wurde erstmalig im Alter von ungefähr zwei Wochen, bevor es den Abfohlstall verließ, die Widerristhöhe gemessen. Die Messung wurde in einer sogenannten Fohlenkarte vermerkt. Die Größe aller Probanden der Studie konnte so verglichen werden. Trotz gleichen Alters betrug der Größenunterschied zwischen den Fohlen bis zu 15 cm. Dies kann von verschiedenen Faktoren, wie z. B. der Anpaarung (Größe der Elterntiere) und der Geburt vor oder nach dem errechneten Geburtstermin, abhängen. Das kleinste Fohlen hatte eine Widerristhöhe von 96 cm, das größte Fohlen von 111 cm. Diese Größenunterschiede haben es unmöglich gemacht die Fohlen direkt miteinander zu vergleichen. Daher wurden bei jedem Fohlen die Verhältnisse der Messlinien untereinander zur Auswertung herangezogen (Publikation II), anstatt die Messstrecken einzelner Fohlen direkt miteinander zu Vergleichen.

4.3 Schwierigkeiten seitlicher Röntgenaufnahmen beim Pferd

4.3.1 Positionierung des Fohlens

Eine korrekte und reproduzierbare Position des Fohlens beim Röntgen ist entscheidend für die Qualität und Interpretierbarkeit der Aufnahme. Nur eine exakte Positionierung des Kopfes zwischen dem Röntgengerät und der Röntgenkassette ermöglicht eine korrekte Darstellung der Filmebene zum Zentralstrahl. Die Sedierung der Fohlen und die Entwicklung von stabilisierenden Kopfunterlagen (Publikation I) hat die Positionierung der Fohlen erheblich vereinfacht und zu reproduzierbaren Aufnahmen geführt.

4.3.2 Motorische Unruhe der Fohlen

Über die motorische Unruhe des Patienten im Kephalostaten wird in der Humanmedizin viel diskutiert (MAJOR et al. 1996, YOON et al. 2002, MALKOC et al. 2005, NARESH et al. 2013, GADDAM et al. 2015).

Kopfbewegungen des Menschen in allen Ebenen während der seitlichen Röntgenaufnahme entweder in sitzender oder stehender Position können die kephalographischen Messungen erheblich beeinflussen (LUNDSTROM 1992, COOKE A. WEI 1998, SOMMER 2004, RAVIPATI 2007). Auch bei Verwendung eines Kephalostaten kann der Kopf in eine fehlerhafte Position gebracht werden. Zudem kann er sich im Kephalostaten drehen. Um dieses Problem zu untersuchen und ggf. zu beheben, wurden in den letzten Jahren im Bereich der Humanmedizin eine Vielzahl von neuen Methoden entwickelt, die auf einer dreidimensionalen Kephalometrie basieren, um Fehler durch die Kopfpositionierung zu minimieren (TNG et al. 1993; MORI et al. 2001; MALKOC et al. 2005, PITTAYAPAT et al. 2013, PORTO et al. 2014).

Der Einsatz eines Kephalostaten am Fohlen wäre sehr gefährlich, da trotz Sedierung immer mit fluchtartigen, heftigen Bewegungen zu rechnen ist. Daher muß beim stehenden Tier auf den Kephalostaten verzichtet werden, was ein erhöhtes Risiko von Bewegungsartefakten mit sich bringt. Die motorische Unruhe beeinflusst die Lage der Messpunkte und die Bildqualität. Kephalometrische Messungen bei Tieren werden meistens in Allgemeinanästhesie durchgeführt (LOSKEN et al. 1994, ERIKSEN et al. 2012). Um das Risiko von wiederholten Narkosen zu vermeiden, wurden alle Fohlen im Stehen untersucht. Mit Hilfe der von uns entwickelten Kopfunterlage konnten die Bedingungen zum Vermessen und Röntgen verbessert und standardisiert werden (Publikation II). Durch die Sedierung wurden die unerwünschten Körperbewegungen minimiert. Die Unruhe von Kopf und Hals hatte einen negativen Einfluss auf die Lage der Messpunkte und Messwerte. Daher brauchten die untersuchenden Personen viel Geduld und Ruhe, um die Fohlen in die richtige Position zu bringen. Dennoch war es auch sehr wichtig, die seitlichen Röntgenaufnahmen geübt und schnell anzufertigen, um den Einfluss der motorischen Unruhe des Fohlens auf die Bildqualität zu reduzieren. Diesbezüglich war eine deutliche Lernkurve des Teams zu verzeichnen.

4.3.3 Bedeutung der Teamarbeit

Während der gesamten Studie hat ein festes Team zusammengearbeitet, das sich aus einer Untersuchenden (ND-K) und zwei Helfern zusammensetzte. Die Untersuchende war immer für das Erstellen der Röntgenbilder verantwortlich, einer der Helfer hat das Fohlen fixiert und der zweite Helfer hat die Röntgenkassette im Kassettenhalter gehalten. Zur Verringerung der Strahlenbelastung haben sich die beiden Helfer bei den beiden Aufgaben abgewechselt. Der Arbeitsablauf bei der Untersuchung war immer der Gleiche: Die Helfer haben Stute und Fohlen in den Untersuchungsraum gebracht, das Fohlen wurde sediert, anschließend wurde die Kopfunterlage am Hals des Fohlens angebracht und das Fohlen wurde in der richtigen Position aufgestellt. Dadurch, dass jedes Teammitglied genau wusste, was es zu tun hatte, ist die Arbeit reibungslos und schnell abgelaufen.

4.4 Fehlerquellen des indirekten Messverfahrens

4.4.1 Projektionsbedingte Fehler

Die Entfernung zwischen dem Röntgengerät und dem geröntgtem Objekt führte zu einer Vergrößerung der gemessenen Strecken. Der Vergrößerungsfaktor an sich ist jedoch nicht problematisch, sondern die Differenz zwischen dem Vergrößerungsfaktor für die linke und die rechte Schädelhälfte. Dies führte bei paarig angelegten Strukturen, wie z. B. beim Corpus und Ramus mandibulae, zu Doppelkonturen, die auf dem Röntgenbild zu erkennen sind (AHLQVIST et al. 1983, AHLQVIST et al. 1986, BATTAGEL 1993). Die auf dem Röntgenbild sichtbare Differenz zwischen zwei Konturen von filmfern und filmnah liegenden anatomischen Punkten sollte möglichst auf ein Minimum reduziert werden (BLANC et al. 1997). Diese Differenz ist jedoch nicht vollständig zu vermeiden. Wenn die filmfern und filmnah liegenden Punkte weit voneinander entfernt lagen, wurde der Mittelwert der Entfernung für diese Messungen berechnet.

4.4.2 Fehler durch falsche Identifikation der Referenzpunkte

Die genaue Lokalisation kephalometrischer Referenzpunkte und Linien ist die Voraussetzung für eine zuverlässige Analyse. Es ist jedoch schwierig, verschiedene Knochenpunkte so genau zu definieren, dass sie von verschiedenen Untersuchern in gleicher Weise aufgefunden und analysiert werden können. Das Problem der

Lokalisierungsdifferenzen entsteht sogar bei der Festlegung von Referenzpunkten durch einen Untersucher (BROCH et al. 1981, HAGEMAN et al. 2000, ROMANIUK et al., 2002). Die Hauptursachen für die Ungenauigkeiten der Messungen in der Humanmedizin sind die Schwierigkeiten bei der Interpretation der Orientierungspunktdefinitionen und die Unfähigkeit der Untersucher, die Orientierungspunktposition genau zu wiederholen. Die korrekte Interpretation erfordert eine lange Einarbeitungszeit. Je kürzer die Messlinie ist, desto größer ist die auftretende Ungenauigkeit (GODFREY und LERTNIMULCHAI, 2006). Diese Tatsache wurde auch in der vorliegenden Studie bestätigt. Bei kurzen Distanzen, wie z. B. Mxd (Maxillary diastema) und Mnd (Mandibular diastema), entstanden größere Ungenauigkeiten, die längeren Distanzen, wie z. B. FL (Facial line) und EtL (Ethmoidal line) zeigten eine bessere Messgenauigkeit.

Um den gesamten Methodenfehler resultierend aus der Lokalisation der Referenzpunkte und Referenzlinien zu minimieren wurden alle Röntgenbilder der Fohlen je dreimal in zweiwöchigem Abstand von ND-K analysiert und ausgewertet. Der Mittelwert dieser insgesamt drei Messungen wurde für die statistische Auswertung verwendet, um die Auswirkungen der Messungenauigkeiten so gering wie möglich zu halten (Publikation II).

5 Zusammenfassung

Natalia Domańska-Kruppa (2020):

Häufigkeit, Entwicklung und Klassifikation des Überbisses beim Warmblutpferd

Von allen angeborenen Unter- und Oberkieferfehlstellungen kommt der Überbiss beim Pferd am häufigsten vor. Verschiedene Studien kommen zu dem Ergebnis, dass die Häufigkeit beim Pferd zwischen zwei und fünf Prozent liegt. Abhängig vom Schweregrad der Fehlstellung des Kiefers kann sie verschiedene klinische Symptome hervorrufen. Folgen können Verletzungen und Entzündungen im Bereich der Maulschleimhaut und des harten Gaumens sein. Dies führt zu Schmerzen bei der Futteraufnahme. Die Beschwerden beim Fressen führen ohne entsprechende Therapie zur Abmagerung. Eine finanzielle Konsequenz für den Züchter eines Fohlens mit Überbiss bedeutet die deutliche Minderung des Kaufpreises eines Pferdes, das die genannte Gebissanomalie aufweist. Laut Anlage 1 der Liste der gesundheitsbeeinträchtigenden Merkmale der Zuchtverbandordnung der FN 2019 gehört jede Kieferanomalie von Stute oder Hengst zu den zuchtausschließenden Gründen.

Ziel der vorliegenden Arbeit war es, im Rahmen einer Reihenuntersuchung an den im selben Jahrgang geborenen Fohlen, einen Überblick über die Häufigkeit des Vorkommens, die Entwicklung und geeignete Vermessungsmethoden von Überbissen in einem großen Tierbestand zu bekommen. Ein weiteres Ziel dieser Dissertation war es, einzelne Messstrecken oder Verhältnisse von Messstrecken zueinander zu identifizieren, deren Werte eine Voraussage zulassen, ob sich der Überbiss bei einem Fohlen ohne Therapie positiv oder negativ entwickeln wird. Dazu wurde aus der Humanmedizin eine Vermessungsmethode an das Pferd adaptiert, die so genannte Kephalometrie. Hierzu wurde eine seitliche Röntgenaufnahme vom Kopf angefertigt. Eine stabile Kopfposition während der Untersuchung war entscheidend für die Qualität von direkten und röntgenologischen Messungen. Zuerst wurden Vorversuche zur physiologischen, entspannten Kopfhaltung des Fohlen durchgeführt, welche eine Antwort auf die Frage gaben, in welcher Position das Fohlen während der Messungen fixiert werden soll. Im Vorfeld der Hauptversuche mussten verschiedene Fixierungsmöglichkeiten für den Pferdekopf während der Messungen ausprobiert werden, um ein geeignetes Konstrukt zu erhalten. Um die Bedingungen für die Studie zu standardisieren, wurde das Ziel ausgesprochen, dass alle Fohlen während der Vermessung gleich positioniert werden mussten. Der Winkel zwischen der Unterseite des Kopfes und der Unterseite des Halses sollte 90 Grad betragen. Alle vier Gliedmaßen sollten senkrecht zum Boden stehen. Die Oberseite des Halses sollte horizontal zum Widerrist verlaufen. Diese Position des Fohlens wurde in der Studie als Standardposition bezeichnet. Um diese Position zu erreichten, wurde eine 90 Grad gewinkelte Auflage für den Kopfhalsbereich genutzt, um den Kephalostaten aus der Humanmedizin zu ersetzen. Die direkten Kopfmessungen wurden mit einfachen, analogen Messgeräten durchgeführt. Zur Vermessung von Strecken diente ein Maßband. Ein Profiltiefen-Messgerät ermöglichte in sehr einfacher Weise die Vermessung des Überbisses. Es wurden 13 Fohlen untersucht die innerhalb der ersten zwei Lebenswochen einen Überbiss aufwiesen. Zusätzlich wurden 13 Kontrollfohlen ausgewählt. Insgesamt wurden also 26 Fohlen in der Studie untersucht. Zuerst wurden direkte Kopfmessungen durchgeführt. Dafür wurden sieben Punkte am Kopf identifiziert, die als Referenzpunkte für Messstrecken dienten. Im Anschluss wurde die kephalometrische Untersuchung durchgeführt. Zu diesem Zweck wurde eine seitliche Röntgenaufnahme vom Kopf angefertigt. Zum auswerten des Bildes wurden definierte und reproduzierbare Referenzpunkte, Referenzlinien und Winkel eingetragen. Um die Messungen durchzuführen, wurden alle Referenzpunkte zu Referenzlinien verbunden. 9 Linien und ein Winkel wurden gezeichnet und vermessen. In der vorliegenden Studie wurde die Kephalometrie zum ersten Mal beim Pferd eingesetzt. 19 Verhältnisse von Messstrecken wurden mittels kephalometrische Kopfmessungen überpruft. Fünf davon erwiesen sich als hilfreich zur Ermittlung der Entwicklung des Überbisses. Drei Verhältnisse (Etl/ML, Mxd/Mnd und PiMn/Mnd) dienten zur Unterscheidung zwischen den Fohlen, die mit einem Überbiss geboren worden sind und bis zur Ende der Studie einen fehlerhaften Gebiss behalten haben (overjet group) und Fohlen bei deren sich Überbiss zurückentwickelt hat (negative overjet group). Zwei Verhältnisse (PiMx/PiMn und Mna/ML) waren nützlich, um die Fohlen bei deren sich Überbiss im Laufe der Studie entwickelt hat (positive control group) von der Kontrollgruppe zu unterscheiden.

Es waren keine statistisch signifikanten Unterschiede des gemessenen Interinzisal Winkel zwischen untersuchten Gruppen auffindbar.

Neben der Erprobung dieser kephalometrischen Methode, galt es zu untersuchen, wie sich der Überbiss bei den Fohlen bis zum Alter von 12 Monaten entwickelte. Die Prävalenz lag in der untersuchten Population von Fohlen bei 2 %. Die Studie hat bestätigt, dass auch Fohlen, die nach der Geburt eine physiologische Okklusion der Schneidezähne aufweisen, zwischen dem ersten und sechsten Lebensmonat einen Überbiss entwickeln können (31% der untersuchten Fohlen). Soweit im internationalen Schrifttum recherchierbar, es wurde zum ersten Mal beschrieben, dass sich diese Fehlbildung bis zum Alter von 12 Monaten spontan zurückentwickeln kann (69% der untersuchten Fohlen). Die Ergebnisse der vorliegenden Studie können Tierärzten und Pferdebesitzern helfen, Entscheidungen bezüglich der Notwendigkeit einer chirurgischen Therapie zu treffen. Kritisch muß hierbei jedoch die kleine Fallzahl der untersuchten Tiere in der vorliegenden Studie betrachtet werden. Abschließend können die verwendeten Vermessungsmethoden (direkte und kephalometrische Kopfmessungen) als nützlich für die Erforschung der Entwicklung des Überbisses beim Warmblutpferd angesehen werden.

6 Summary

Natalia Domańska-Kruppa (2020):

Frequency, development and classification of overjet in Warmblood foals

Out of all congenital maxillary and mandibular misalignments, overjet is the most frequently occurring congenital malocclusion in horses. Many studies show that the prevalence of overjet in the equine population is between 2 to 5 %. Dependent on the severity of the malocclusion, affected horses can suffer from diverse clinical consequences, such as injuries of oral mucosa and the hard palate behind the maxillary incisors. Related pain during food uptake can lead to excessive weight loss as a long-term consequence. Overjet is also aesthetically undesirable in foals, implying price reduction at sales. Because there is a possibility that the condition might be hereditary, some breeders' associations exclude affected stallions and mares from breeding.

The aim of this study was to develop a method for evaluating longitudinal changes in skull bone relations in Warmblood foals with and without overjet, and to estimate the prevalence of overjet in the investigated horse population. Furthermore, an attempt was made to identify the measuring cephalometric lines to investigate if overjet develops or resolves in untreated foals. The crucial diagnostic tool used in human orthodontics to investigate overjet behavior is cephalometric analysis. We adopted human cephalometric methods for evaluating overjet development in foals. The cephalogram used for this procedure is a two-dimentional, lateral x-ray image of the skull. A standardized, reproducible head position was essential for both, direct and cephalometric measurements. Preliminary research was carried out to determine the optimal neutral, comfortable head and neck position for incisor measurements and head radiography. Additionally, pilot investigations were performed to create the optimal head-holding device to standardize the conditions during all measurements. Based on the preliminary study of the foal's body position, the *standard examination position* was described as the angle between the ventral margin of the mandible and the ventral border of the neck (90°), where the forelimbs are vertical to the ground, the top of the neck is horizontal to the withers and the mouth of the foal is at the level of the elbow. A custom-made head-holding device was developed to replace a cephalostat used in human cephalometric research. The direct linear head measurements were obtained with a retractable measuring tape. Overjet measurements were made using a tire tread depth gauge. 13 foals diagnosed with overjet at two weeks of age were investigated. Simultaneously 13 foals were chosen for the control group. A total of 26 foals were examined in the study. First, direct head measurements were carried out. For this, seven palpable structures on the foal's head were used as reference points to obtain the linear measurements. Subsequently, cephalometric investigation was performed. Laterolateral radiographs were obtained for this purpose. Each radiograph was analyzed according the same procedure. Thirteen landmarks were connected to create nine cephalometric lines. Additionally to those measuring lines, one angle was determined on each radiograph. The present study is the first age-dependent cephalometric study performed in horses. The values measured were used to create 19 measurements ratios for comparison of foals' heads using cephalometry. Five of the ratios that were tested proved to be helpful in analyzing the progression or resolution of the overjet in the foals examined. Three ratios (Etl/ML, Mxd/Mnd and PiMn/Mnd) were shown to be useful to differentiate foals born with overjet in which the malocclusion persisted (overjet group) and foals in which the overjet resolved during the study period (negative overjet group). Two ratios (PiMx/PiMn and Mna/ML) were helpful when comparing the positive control group, which developed overjet during the study with the control group. The measurements of the interincisal angle didn't show any significant differences between the groups. In addition to testing the cephalometric method in horses it was also possible to follow overjet development by the foals within the first 12 months of life. The prevalence of overjet in the foal population investigated in this study was 2 per cent. The present study confirms that foals born with normal incisor alignment can develop overjet between the first and sixth month of age (31% of the investigated foals). Furthermore, this is the first report to describe spontaneous regression of overjet within the first 12 months of life (69% of the investigated foals).

Our findings could help clinicians and horse owners to make more informed decisions about the optimal time to perform surgical intervention. A limitation of this study is the small number of the foals affected. Finally, both measurement methods used in the study (direct and cephalometric head measurements) proved to be useful to monitor overjet development in Warmblood foals.

7 Literaturverzeichnis

AHLQVIST, J., ELIASSON S., U. WELANDER (1983):
The cephalographic projection. Part II: Principles of image distortion in cephalography.
Dentomaxillofac. Radiol. 12, 101-108

AHLQVIST, J., ELIASSON S., U. WELANDER (1986):
The effect of projection errors on cephalometric length measurements.
Eur. J. Orthodont. 8, 141-148

BATTAGEL, J.M. (1993):
A comparative assessment of cephalometric errors.
Eur. J. Orthod. 15, 305-316

BAKER, G.J. (2005):
Abnormalities of Development and Eruption.
in: BAKER, G.J., J. EASLEY: Equine Dentistry.
2. Aufl. Elsevier Limited, S. 69-77

BLANC, M., GARATTINI, G., E. MORUZZI (1997):
Lateral Teleradiography of the skull: the effect of head positioning on cephalometric measurements. An experimental phantom study.
Radiol. Med. 94, 302-307

BROCH, J., SLAGSVOLD, O., M. RÖSLER (1981):
Error in landmark identification in lateral radiographic headplates.
Eur. J. Orthod. 3, 9-13

COOKE, M.S., S.H.Y. WEI (1998):
The reproducibility of natural head position: a methodological study.
Am. J. Orthod. Dentofac. Orthop. 93, 280-288

CRABILL, M.R., J. SCHUMACHER (1998):
Pathophysiology of Acquired Dental Diseases of the Horse.
Vet. Clin. North. Am. Equine Pract. 14, 291-303

DEBOWES, R.M., E.M. GAUGHAN (1998):
Congenital dental disease of horses.
Vet. Clin. North. Am. Equine Pract. 14, 273-289

ERIKSEN, T., KUIPER, H., PIELMEIER, R., GANTER, M., DISTIL, O., C. STASZYK (2012):
Ovine craniofacial malformation: a morphometrical study.
Res. Vet. Sci. 93:1122–7, doi: 10.1016/j.rvsc.2012.03.010

GADDAM, R., SHASHIKUMAR, H.C., LOKESH, N.K., SUMA, T., ARYA, S., G.S. SHWETHA (2015):
Assessment of Image Distortion from Head Rotation in Lateral Cephalometry.
J. Int. Oral Health 7, 35-40

GAUGHAN E.M., R.M. DEBOWES (1993):
Congenital diseases of the equine head.
Vet. Clin. North Am. Equine Pract. 9, 93-110

GIFT, L.J., R.M. DEBOWES, M.F. CLEM, A. RASHMIR-RAVEN, K.A. NYROP (1992):
Brachygnathia in horses: 20 cases (1979-1989)
J. Am. Vet. Med. Assoc. 200, 715–9

GODFREY, K., S. LERTNIMULCHAI (2006):
Cephalometric radiograph landmark identification on Thai dried skulls with and without radio-opaque markers.
Kerala Dent. J. 9, 59-76

HAGEMANN, K., VOLLMER, D., NIEGEL, T., EHMER, U., I. REUTER (2000):
Perspektive Studie zur Reproduzierbarkeit von Referenzpunkten in konventionellen und digitalen seitlichen Fernröntgenaufnahmen.
Fortschr. Kieferorthop. 61, 91-99

KLUGH, D.O. (2004):
Acrylic Bite Plane for Treatment of Malocclusion in a Young Horse.
J. Vet. Dent. 21, 84-87

LOSKEN, A., M.P. MOONEY, M.I. SIEGEL (1994):
Comparative Cephalometric Study of Nasal Cavity Growth Patterns in Seven Animal Models.
Cleft Palate Craniofacial J. 31, 17-23

LUNDSTROM, F., A. LUNDSTROM (1992):
Natural head position as a basis for cephalometric analysis
Am. J. Orthod. Dentofacial Orthop. 101, 244–7

MALKOC, S., SARI, Z., USMEZ, S., A.E. KOYUTURK (2005):
The effect of head rotation on cephalometric radiographs.
Eur. J. Orthod. 27, 315–321.

MAJOR, P.W., JOHNSON, D.E., HESSE, K.L., K.E. GLOVER (1996):
Effect of head orientation on posterior anterior cephalometric landmark identification.
Angle Orthod. 66, Nr.1, 51-60

MORI, Y., MIYAJIMA, T., MINAMI, K., M. SAKUDA (2001):
An Accurate Threedimensional Cephalometric System: A Solution for the Correction of Cephalic Malpositioning.
J. Orthod. 28, 143-149.

NARESH, V., LOKESH, N.K., PRATAPVARMA, K.V., SRIKRISHNA, C., CHAKRAVARTHY, V.G., N. SHAMNUR (2013):
Cephalometric assessment of effect of head rotation toward focal spot on lateral cephalometric radiographs.

J. Contemp. Dent. Pract. 14, Nr. 2, 202-207

PITTAYAPAT, P., LIMCHAICHANA-BOLSTAD, N., WILLEMS, G., R. JACOBS (2013):
Three-dimentional cephalometric analysis in orthodontics: A systemic review.
Orthod. Craniofac. Res. 17, Nr. 2, 69-91, doi:17.10.1111/ocr12034

PORTO, O.C.L., FREITAS, J.C., ALENCAR, A.H. GONCALES, C. ESTRELA (2014):
The use of three-dimentional cephalometric references in dentoskeletal symmetry diagnosis.
Dental. Press J. Orthod. 19, Nr. 6, 78-85

RAVIPATI, S. (2009):
Die motorische Unruhe während digitaler Fernröntgenseitenbild Aufnahmen.
Düsseldorf, Heinrich-Heine-Univ., Fachber. Medizin, Diss.

ROMANIUK, B., DESVIGNES, M., REVENU, M., M.J. DESHAYES (2002):
Linear and non-linear model for statistical localization of landmarks.
in: Proceedings of 16th International Conference on Pattern Recognition (ICPR) Vol. 4. Quebec City, S. 393-6

SCHULTE-NÖLKE, H. (2009):
Update Pferdekaufrecht 2009.
European Legal Studies Institute, Osnabrück

SOMMER, T. (2004):
Aufbau eines optoelektrischen Messsystems zur Aufzeichnung der motorischen Unruhe des Kopfes während einer digitalen Fernröntgenseitenbild-Aufnahme
Düsseldorf, Heinrich-Heine-Univ., Fachber. Medizin, Diss.

STEINER, C. (1959):
Cephalometrics in clinical practice.
Angle Orthod. 29, 8-29

TNG, T.H., CHAN, T.C.K., COOKE, M.S., U. HAGG (1993):
Effect of head posture on cephalometric sagittal angular measures.
Am. J. Orthod. Dentofacial Orthop. 104, 337-341

WISSDORF, H. u. B. OTTO (2010):
Kopfskelett einschließlich Zungenbein und Kiefergelenk mit Kaumuskulatur.
in: H. WISSDORF, H. GERHARDS, B. HUSKAMP und E. DEEGEN
Praxisorientierte Anatomie und Propädeutik des Pferdes.
3. Aufl., Schaper, Hannover, 73-87

ZUCHTVERBANDSORDNUNG der FN (2019):
Anlage 1: Liste der Gesundheitsbeeinträchtigen Merkmale.
in: ZUCHTVERBANDSORDNUNG der FN
Beschluss Mai 2019, Stand Mai 2019

YOON, Y.J., KIM, D.H., YU, P.S., KIM, H.J., CHOI, E.H., K.W. KIM (2002):
Effect of head rotation on posteroanterior cephalometric radiographs.
Angle Orthod. 72, Nr 1, 36-42

8 Erklärungen über die erbrachten Eigenleistungen

Gemäß § 8 Absatz 3 der Promotionsordnung der Tierärztlichen Hochschule Hannover hat der Promovent bei einer Dissertation, die auf Veröffentlichungen basiert (kumulative Dissertation), an denen mehrere Autoren beteiligt waren, den selbstständigen Anteil an den vorgelegten Publikationen darzulegen.

- Projekt und Durchführung der Vorversuche
- Entwicklung und Anfertigen der Kopfunterlage
- Durchführung der direkten Kopfmessungen
- Durchführung der röntgenologischen Untersuchungen
- Identifikation und Beschreibung der Referenzpunkten und Referenzlinien für direkten Kopfmessungen
- Identifikation und Beschreibung der Referenzpunkten und Referenzlinien für kephalometrische Untersuchung
- Auswertung der kephalometrischen Messungen
- Aufbereitung der Ergebnisse
- Anfertigen des Fotos für Publikationen
- Auswahl der Publikationsthemen
- Anfertigen der Publikationen

DANKSAGUNG

An erster Stelle gilt mein Dank meinen beiden Betreuerinnen Frau Dr. Dr. habil. Monica Venner und Frau Dr. Dr. habil. Astrid Bienert-Zeit für ihre wissenschaftliche und methodische Unterstützung während der gesamten Bearbeitungsphase meiner Dissertation und jederzeitige Hilfsbereitschaft. Was lange währt wird endlich gut.

Besonders danken möchte ich Frau Dr. Astrid Bienert-Zeit für die hervorragende Zusammenarbeit und enorme Geduld bei der Korrektur meiner Dissertation.

Herrn Paul Schockemöhle und Frau Simone Schneider danke ich für die Zustimmung zur Durchführung meiner Arbeit und die Bereitstellung der Fohlen.

Für die finanzielle Unterstützung im Rahmen von Förderprogramm „Open Access Publizieren" muss ich der Hochschulbibliothek der Tierärztliche Hochschule Hannover meinen Dank ausdrücken.

Ebenfalls möchte ich mich bei allen Mitarbeitern des Gestüts Lewitz für die kooperative Zusammenarbeit und Hilfe bei der Durchführung dieser Studie. Ein besonderer Dank gilt den Klinikhelfern: Przemek Kucharski und Jacek (Babcia).

Ich danke dem gesamten Team der Pferdeklinik des Gestüts Lewitz für die alle wunderbare Jahren die wir zusammen verbracht haben; besonders möchte ich an dieser Stelle meine Kolleginnen erwähnen: Rita Millere, Simone Schneider, Astrid Hollberg, Kathrin Astheimer, Kristina Dröge und Karina. Danke für eure Freundschaft und unvergessliche Zeit in der Lewitz.

André Kleinpeter möchte ich an dieser Stelle meinen ganz besonderer Dank aussprechen für seine Unterstützung in fachliche Ausbildung im Bereich der Chirurgie und Orthopädie während des Lewitz Aufenthalts.

Von ganzem Herzen möchte ich meinem lieben Ehemann Felix danken - einfach für alles! Danke dass Du so bist wie Du bist!

Danksagung

Amelie, meiner liebsten Tochter möchte ich besonders danken für ihre Geduld wenn die Mama keine Zeit zum Spielen hatte. Ich bin so dankbar für jedes Lächeln auf deinem Gesicht!

Ein großes Dankeschön gilt meiner Schwester für ihre Hilfe bei englischen Texten.

In bleibender Erinnerung an Prof. Dr. Lothar Köhler.

Abschließend möchte ich mich bei meinen Eltern bedanken, die mir mein Studium und meine Reitkarriere durch ihre Unterstützung ermöglicht haben.